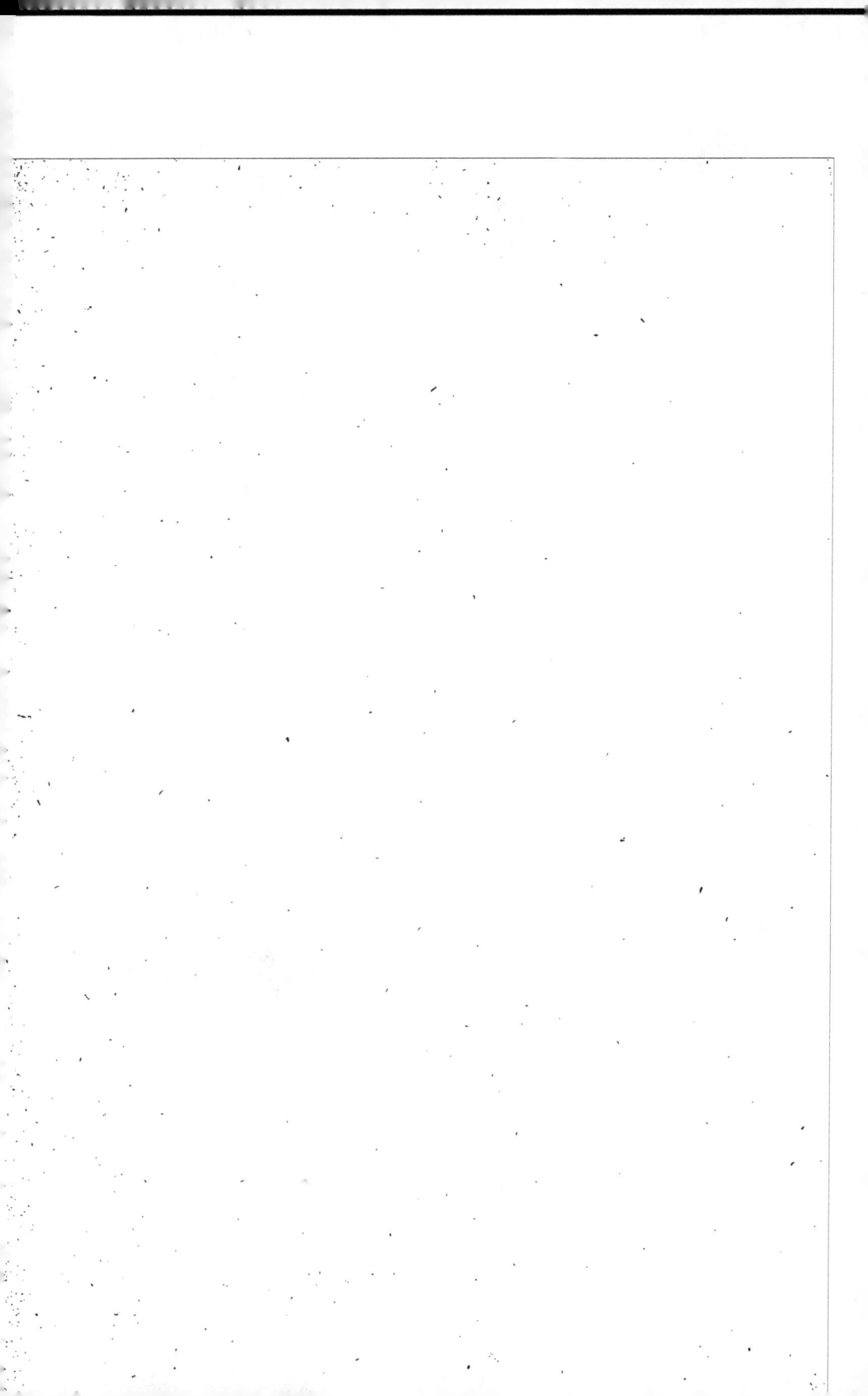

T c 36.

DEFENSE
DU VIN
DE BOURGOGNE
CONTRE
LE VIN
DE CHAMPAGNE,

PAR LA REFUTATION DE CE QUI
a été avancé par l'Auteur de la These soûtenuë aux Ecoles de Médecine de Reims le cinq
de May 1700. dans la cinquiéme partie ou
corollaire que l'on raporte ici tout entier.

PARISIIS.

M. DCCII.

CINQUIE'ME COROLLAIRE
de la Thefe de Reims.

O N vante pour l'ordinaire dans le Vin, la couleur, l'odeur, la faveur, la confiftance, la durée, & enfin le Terroir où il croit ; car la nature a fes endroits favoris pour cette pro- duction : Quand donc tout cela fe trouve éminemment dans un vin, il eft conftant qu'on ne peut pas lui refufer la palme : Or il n'y a dans le Royaume que le vin de Reims & le vin de Bourgogne qui difputent de la primauté, ainfi il faut pour juger la queftion les examiner l'un & l'autre par tous ces endroits.

La couleur du vin de Reims eft fi vive, que le diamant le plus pur ne brille pas davantage aux yeux, quelquefois le rouge en eft fi vermeil & fi plein de feu qu'on le pren- droit pour des rubis diftilés ; enfin c'eft de l'union de ces deux couleurs que fe forme ce que nous apellons l'œil de perdrix, qui pour n'avoir pas tant d'éclat n'en eft pas moins agréable à la vûë : Le vin de Bourgogne tire fur la rofe feche, & fait voir fur les bords du verre je ne fçay quel mé- lange de jaune & de rouge qui reprefente une efpece d'arc- en-ciel, fur tout quand il commence à vieillir : A l'égard de l'odeur il n'en a point du tout, ou ce n'eft qu'une exhalaifon brûlée, qui bleffe l'organe & qui reffent de la terre rougeâtre & minerale du Païs, ou de fes pierres aduftes : Au contraire, le vin de Reims qui a bien plus de particules fubtiles & volatiles, parce qu'il croit dans une terre douce & légere, exhale une fenteur fi agréable

que l'odorat en est toûjours parfumé avant qu'on le goûte,
de sorte qu'on pourroit l'apeller le charme & les délices de
ce sens, à bien meilleur titre que le tabac, à qui on a donné cet éloge.

Pour continuer le parallele, je dis que le vin de Bourgogne est toûjours trop dur ou trop mou, il n'y a point
de milieu, & cela par un défaut de configuration de ses
parties inégales & sans proportion, qui déchirent les pores
de l'organe lorsqu'elles ne sont pas encore émoussées, &
qui venant dans la suite à s'émousser tout d'un coup n'y
font presque plus d'impression sensible ; au lieu que les
parties du vin de Reims parfaitement unies entr'elles, &
proportionnées à l'organe, l'affectent toûjours d'une maniere douce, & otient agréablement le palais ; ce qui
conclut non seulement pour la saveur, mais encore
pour la salubrité de nos vins, s'il est permis d'user de ce
dernier mot : En effet comme la bonne constitution du
sang & des humeurs, résulte particulierement de l'harmonie
de leurs qualités, entre lesquelles il ne doit point y en avoir
qui prédomine, ainsi le vin ayant beaucoup de raport avec
le sang, on peut soûtenir qu'il n'est jamais plus agréable
ni plus sain que quand il y a de l'union dans ses principes : Alors il aide à la digestion des alimens dont il est
le vehicule, & il continuë à donner au chyle la consistan-
ce qu'il doit avoir pour être distribué à propos, ce qui
renferme toute l'économie de la nourriture & de la santé.

A toutes ces heureuses marques, il est aisé de recon-
noitre le vin d'Ay, le vin d'Haut-villiers, de Pierry, de Sil-
lery, de Verzenay, de Tailly & de Mombré, sans parler
des autres vins d'alentour, qui pour n'être pas toûjours si
célebres ; ne laissent pas d'avoir leur merite mais je ne
sçaurois vous passer sous silence valée feconde de Vinet,
que Bacchus semble avoir choisie pour y prodiguer ses tré-
fors ; & vous clos de S. Thierry ; Montagne d'Or que le
Soleil ne perd point de vûë, s'il y a des vins meilleurs qui
disputent encore avec le vôtre, pour le goût & l'agrément

particulier, qui lui a été donné par la nature, il n'y en a
pas du moins qui ne lui cede pour ce qui regarde la santé :
On fçait combien fa vieilleffe eft précieufe, & de quel fe-
cours il eft aux perfonnes avancées en âge, bien different
en cela du vin de Bourgogne, qui s'aigrit ou qui tombe
prefque toûjours aux aproches de la Canicule, ce qui le
rend par confequent mal propre à porter l'eau : Enfin c'eft
une chofe conftante, que tous nos vins en general excellent auffi fur tous les autres par la durée, puifqu'on en boit
encore aujourd'hui de tres-bon de l'année 1694 : On alle-
guera peut-être en faveur du vin de Bourgogne, qu'il
fournit une plus grande quantité d'efprits pour l'Eau-de-vie,
mais c'eft ce qu'il a de commun avec le vin d'Orleans le
plus épais, & cela doit être regardé en l'un & en l'autre
bien moins comme un avantage que comme un défaut, qui
fait voir, ou que leur parties font fans union, ou que les
efprits, le tartre & le phlegme n'y font pas proportionnés.

A l'égard de la confiftance de nos Vins, elle garde prefque toûjours un jufte milieu, c'eft-à-dire qu'ils n'ont ni
trop de delicateffe ni trop de corps ; en tout cas il eft permis pour les rendre plus délicieux ou plus prompts à boire
de leur donner telle confiftance & telle maturité qu'on
veut en les mêlant fagement enfemble : les Vins d'Ay par
exemple s'accordent parfaitement avec ceux des Montagnes
de Reims, & mieux que n'ont jamais fait les Vins de Chio
& de Falerne, dont le mélange a été celebré par les Poëtes,
& aprouvé de Bacchus même, fi on les en veut croire ;
mais d'allier le Vin de Bourgogne avec le Vin de Champagne, c'eft ce que Bacchus, ou plûtôt les Gens de bon
goût n'aprouveront jamais ; leurs feves font trop incompa-
tibles : Difons ici en paffant que c'eft être trop hardi de vouloir adoucir le Vin avec de la litharge, & trop fcrupuleux
de n'ofer l'éclaircir avec la colle de poiffons ou les œufs de
Pigeons : Obfervons auffi que tous les excez de quelque
forte de vins que ce puiffe être, font toûjours nuifibles à
la fanté ; tant s'en faut qu'Hippocrate les ait jamais, ni

conseillés ni permis comme on lui impute mal à propos.

Pour revenir aux Vins de Reims, rien ne décide plus en leur faveur que la bonne constitution des gens du Païs, parmi lesquels on ne voit ni goureux ni valetudinaires, dont la plûpart même vivent tres-long-tems, & le plus souvent sans aucune atteinte de maladie. Viens Nestor de nos jours, * toi qui dans un de nos meilleurs Vignobles és parvenu sain & entier, bien au-delà du terme ordinaire de la plus longue vie, viens détromper ceux qui condamnent le Vin de Reims, & ne l'admettent que dans les repas, où la santé est sacrifiée au plaisir : Que le nombre de tes années soit l'éternel éloge d'une boisson plus agréable & plus saine que ni le Vin de Bourgogne, ni tout ce qu'il y a d'autres vins au monde.

Donc le Vin de Reims est plus agréable & plus sain que le Vin de Bourgogne.

* *Pierre Pieton Habitant d'Hautvilliers, qui a vécu cens dix-huit ans en parfaite santé.*

LETTRE ECRITE A VN MAGISTRAT

du premier ordre, qui fait voir que le Vin de Bourgogne est préférable en toutes choses à celui de Champagne ; & qui sert de réponse à l'Auteur de la Thèse soûtenuë aux Ecoles de Medecine de Reims le 5. May de l'Année 1700. qui a prétendu prouver que le Vin de Reims étoit plus agréable & plus sain que le Vin de Bourgogne.

Monsieur,

Ayant apris que vous desiriés d'avoir mon sentiment sur une Thèse de Medecine soûtenuë à Reims le 5. May 1700, qui conclut que le Vin de Reims est plus agréable & plus sain que le Vin de Bourgogne :

Pour satisfaire plûtôt à vôtre desir qu'au merite de cette piéce & de sa conclusion qui m'a paru d'abord témeraire, quoiqu'on ne me l'ait voulu laisser que quatre heures pour la lire & pour y répondre : Ne vous pouvant rien refuser, vous trouverés bon qu'avant toute œuvre je vous raporte en préliminaire quelque mots, qui sont assez au sujet de la défense que j'entreprends de nos Vins de Bourgogne, que j'ai tirés d'une Thèse soûtenuë aux Ecoles de Medecine de Paris en 1652, par feu Monsieur Arbinet, qui conclut le contraire de celle de Reims.

Ergo vinum Belnense, potuum ut suavissimus, sic saluberrimus : Donc le Vin de Beaune, comme il est le plus agréable, il est aussi le plus sain de tous les brevages.

Non omnis fert omnia tellus,
Densa magis tereri, rarissima quæque lyco
Congruit.

Toute terre né raporte pas toute sorte de fruits ; les

grains viennent mieux dans les terres les plus fortes & les
plus solides, & les terres les plus legeres sont les plus propres pour les bons vins.

Nec uni vitium culturæ, sed maximè cœlo, soloque natali,
vini bonitas debetur accepta ; Belnæ consitæ vites in collibus
Baccho plurimum dilectis, fundum offendunt nec siccum, nec
uliginosum, at modicè roscidum ; solo suffragatur cælum, non
hæc ad solem vergunt vineta cadentem ; sed orienti opponuntur,
& melior pars orienti & meridiei, distantque ab æquatore
arcticum polum versus, gradibus tantum sex & quadraginta.

Ce n'est pas seulement à la bonne culture des vignes,
mais principalement à la bonne nature de l'air & de la terre
du Païs qu'on est redevable de la bonté du vin : les vignes
des climats de Beaune se trouvent dans un fond de terre
legere ; elles sont situées sur des colines cheries du Dieu
Bacchus : Ce fond n'est ni trop sec ni trop humide, il reçoit
des rosées de tems en tems, & les influences du Ciel lui sont
favorables ; les vignobles ne sont pas oposés au Soleil cou-
chant, mais la plûpart sont exposés au Soleil levant & au
midi, & ne sont éloignés de l'Equateur tirant vers le Pole
Arctique que de quarante-six degrés.

Je vous demande aprés cela, MONSIEUR, s'il se peut
trouver une meilleure terre, une situation & une exposi-
tion au Soleil plus favorable au monde que celle des vignes
de Beaune, de Pommarc & de Volenet ? Est-il permis aux
meilleurs climats de Champagne d'en aprocher ? éloignés
qu'ils sont plus que les nôtres du Cercle Equinoctial de trois
degrés & quelques minutes, ayant par-là beaucoup moins
de Soleil & de chaleur, ce qui fait que leurs vins ne peuvent être tout au plus que les cadets des nôtres, bien loin
de pouvoir prétendre au droit d'aînesse sur eux, en force,
& en bonnes qualités ; ce qui a fait dire jusqu'à present aux
meilleurs & plus désinteressés connoisseurs, *Vinum Re-*
mense est tantùm tenue & acidum, magnam, ut vina alba
quamplurima, urinas movendi vim habens, nutriendi verò,
calefaciendique minimam. Le vin de Reims est seulement
menu,

menu, ou peu vineux, & acide, ayant comme la plûpart des autres vins blancs, la force de faire rendre des urines, mais très-peu pour nourrir & pour échaufer.

Cette propriété de nourrir & d'augmenter la chaleur naturelle, reſide ſi particulierement & ſi éminemment dans les vins de Bourgogne, qu'ils ne ſont pas plûtôt ſortis du preſſoir & entonnés ſur le champ qu'ils ſe dégagent plus promptement que tous les autres vins de France, de leurs parties huileuſes & limonneuſes, tant leurs principes, les eſprits & les ſels eſſentiels ſont puiſſants, ce qui les clarifiant plûtôt, les rend auſſi les premiers potables de tous.

Aprés une ſi forte experience, peut-il y avoir une vanité pareille à celle de l'Auteur de la Theſe de Reims, de vouloir donner là préference en bonté & en ſalubrité, s'il eſt permis de parler ainſi, aux vins de ſon Païs pardeſſus ceux de Bourgogne ? ne pouvant ignorer d'ailleurs, s'il avoit tant ſoit peu lû l'Hiſtoire, & qu'il voulut convenir de bonne foi de la verité, que les Etats de France étant aſſemblés à Paris le 7. Decembre 1369 accorderent une impoſition ſur la vente du vin, à la campagne le 13. en gros, & le 4 en détail ; & ſur l'entrée à Paris 15. ſols par queuë de vin François, & 24. ſols par queuë de vin de Bourgogne, comme il eſt raporté dans l'Abregé de Mezeray en la vie de Charles V.

Ce qui fait voir qu'en ce tems-là les vins de Champagne n'étoient pas encore dans la nature des choſes, qu'on ne ſçavoit à Paris ce que c'étoit que ces vins-là, & qu'on n'y en faiſoit point venir, puiſqu'on n'y mettoit point d'impôts.

Mais ſans remonter ſi haut dans l'antiquité, voyons comment Eraſme étant malade à Louvain en 1518. parle du vin de Beaune : Il dit dans une de ſes Lettres écrite à Beatus Rhenanus ſon bon ami, qui eſt la 25. du 5. livre ; qu'étant en danger de peſte, ſon eſtomach fut rétabli, *hauſto cyatho vini Belnenſis*, auſſi-tôt après avoir bû un verre de vin de Beaune, ſans s'aviſer de demander du vin de Reims, qui n'étoit pas encore connu, tant il eſt de fraiche datte; & ſi ces Meſſieurs n'étoient pas ſi fort prévenus en faveur de leurs vins, ils avoüeroient ingénûment qu'on n'en par-loit pas encore à Paris il y a ſoixante ans; & que depuis moins de tems que cela, Meſſieurs le Tellier & Colbert (nos derniers Miniſtres) qui avoient de grands vignobles en ce païs-là, les mirent au jour.

N'eſt-ce pas auſſi une grande ingratitude à ces Meſſieurs-là de faire conteſter par leurs vins la préference ſur ceux de Bourgogne, ſçachant bien qu'ils n'ont emprunté unique-ment leur origine & leur gloire que des productions de nos bons vignobles, & des plançons ou provins de nos vignes, que la lâche complaiſance & la corruption de quel-ques-uns de nos Tonneliers leur fit autrefois envoyer; mais graces à Dieu, *Solo natura Subeſt*, la nature eſt at-tachée au terroir ainſi que Virgile l'a ſi bien remarqué: Il faudroit pour que leurs vins fuſſent auſſi bons que les nôtres, qu'ils fiſſent encore tranſporter chez eux avec nos provins nôtre Soleil & nos terres : on peut donc leur donner ici fort juſtement, par comparaiſon à l'égard de nos vins le conſeil que Stace donnoit à ſa Thébaïde, de ſe donner bien garde d'entrer en lice & en comparaiſon avec l'Enéï-de de Virgile.

>   *Nec tu divinam Æneida tentâ,*
> *Sed longè ſequere, & veſtigia ſemper adora.*

N'entreprends pas d'éprouver tes forces contre celles de la divine Enéïde, contente toi de la ſuivre de loin, & d'ado-rer éternellement ſes traces & ſes veſtiges.

Aprés ce prelude, Monsieur, que je n'ai pas crû inu-tile à mon ſujet, je commencerai le Syſtéme de la défenſe de nos vins de Bourgogne contre leur envieux & leur ca-lomniateur, par vous faire remarquer qu'il bat la campa-gne, & qu'il s'étend d'une maniere vague dans les trois premiers Corollaires de ſa Theſe, ſur un Traité qu'on apelle la Diététique, ou des choſes non naturelles, qui ne ſont bonnes ou mauvaiſes que par le bon, ou par le mauvais ufage qu'on en fait ; fçavoir fur l'air & les vents, le boire & le manger, le fommeil & les veilles, le mouvement & le repos, les chofes évacuées & retenuës, & fur les paffions de l'ame, s'ouvrant par là une ample carriére pour dire beaucoup de paroles, & point de chofes, au fujet dont il eft queftion, *chimara bombilans in vacuum*, une chimére qui bourdonne dans l'air, n'employant que des moyens qui ne font rien à la preuve de ce qu'il prétend établir, défaut ordinaire aux gens pleins d'envie, & d'eux-mêmes prévenus en faveur de leurs préjugés & de leurs intérêts particuliers ; en forte que tous leurs argumens, pour n'être que des fupofitions fans fondement ne prouvent rien du tout.

Dans fon quatriéme Corollaire il defcend fur les qualités & fur les propriétés differentes des vins en general, fans dire par quelles de leurs parties effentielles & intégrantes, ou defquelles ils font compofés, ils operent les effets de fanté & de guérifon qu'il leur atribuë, ce qu'il devroit avoir dit en détail d'un chacun en particulier, & des divers climats d'où il vient, afin qu'un chacun pût faire un bon ufage de ceux de fon Païs, & qu'on les pût mettre tous à profit, ce qui fait voir que c'eft un bon Champenois qui n'a jugé des bonnes qualités des vins que parce qu'il en a lû dans fes livres, & qui aparamment n'a jamais vû d'autres vignobles que le fien, c'eft pourquoi on peut juftement lui apliquer ce quatrain.

> *Heureux qui fe nourrit du lait de fes brebis,*
> *Et qui de leur toifon voit filer fes habits,*
> *Qui n'a point d'autre mer que la marne & la feine ;*
> *Et croit que tout finit où finit fon domaine.*

Vous voyez par là, Monfieur, que le vin de Reims n'étant eftimé bon par fon panégirifte qu'étant pris en general, & nullement diftingué par aucun principe excellent qui entre en fa compofition, & qui le tire de toute comparaifon, pour lui donner la prééminence que lui arroge cet Auteur pardeffus ceux de Bourgogne ; ce quatriéme

Corollaire n'eſt d'aucune utilité pour prouver & pour établir ce qu'il a avancé.

Dans ſon cinquiéme & dernier Corollaire, il entre un peu plus en matiére qu'il n'avoit fait ; voyons je vous prie comment il s'en va tirer.

Pour faire un juſte parallele des vins de Reims avec ceux de Bourgogne, il ſe contente de dire en quelque endroit de ſa Theſe qu'il en faudroit faire l'analyſe ou la décompoſition, cependant il ne la pas faite, & pour ſon honneur il n'a eu garde de la faire, parce qu'il n'auroit jamais pû faire voir que les vins de Champagne ſe purifient & ſe clarifient mieux, & plus promptement que ceux de Bourgogne, en nous aprenant, aprés les meilleurs Artiſtes Chimiſtes, tant anciens que modernes, que leurs ſels eſſentiels volatifs font de plus vigoureux efforts dans la fermentation que ceux des vins de Bourgogne, pour ſe détacher des parties huileuſes & ſulfureuſes par leſquel-les ils étoient enchaînés, qu'ils les pénétrent & les éxal-tent mieux, juſqu'à ce que par leurs pointes tranchantes ils les ayent ratefiées en eſprits ; cette violence ſe faiſant ainſi dans l'ébulition qui arrive au vin quand il ſe purifie de ſes parties groſſieres en forme d'écume, dont une par-tie ſe convertiſſant en criſtaux, s'atache aux côtés du tonneau, & l'autre comme plus groſſiere ſe precipite au fond, qui eſt ce qu'on appelle le tartre & la lie ; ce ſont diſent-ils, ces mêmes ſels qui étant dégagés de leurs en-velopes changent ce qu'il y a d'inſipide dans le moût en un agréable picotement, tel que nous le ſentons dans nos bons vins, qui gratent, & qui rapellent, comme l'on dit ordinairement, en les buvant.

Je voudrois bien ſçavoir aprés cela de quel frond Meſ-ſieurs les Marchands de vin de Champagne peuvent faire dire par leur Prôneur, que leurs vins font plûtôt & plus vigoureuſement que les vins de Bourgogne l'épurement de leurs parties, comme nous venons de l'expliquer ; eux qui ne peuvent diſconvenir, ſans ſe vouloir aveugler, qu'au lieu d'une petite quantité de phlegme feulement qui eft néceffaire pour que les fels puiffent affez étendre leur fermentation, & exalter la partie huileufe du vin, les vins de Champagne font chargés d'une fi grande quantité de ce phlegme, que pour en être trop affoiblis, & prefque noyés, la fermentation ne s'en fait jamais que tres-imparfaitement, leurs fels n'ayant pas la force, comme ceux des vins de Bourgogne, de couper, & d'exalter autant qu'il faut les parties de l'huile qui leur demeurent, ce qui fait que les vins de Champagne font fi fujets à s'engraiffer, à changer de couleur, & à tomber en eau, avant même qu'ils foient tirés jufqu'à la barre, qui fait la moitié du tonneau, ce qui fait dire avec tant de raifon aux connoiffeurs que la bonté du vin ne confifte, & ne vient uniquement que de la proportion convenable de fes principes, le phlegme & le tartre exactement mélangés avec les fels effentiels & les efprits, que les Phyficiens apellent *modus mixtionis*, *forma mixti*, une certaine maniere de mélange, la forme du corps mélangé qui fait fon caractere fpecifique, fon exellence & fa perfection: Or ce mélange exquis, tout particulier, & fi néceffaire pour qu'un vin remporte l'éloge d'être fuperieur à tous les autres vins, ne fe trouvant pas, de dix années l'une, dans les vins de Reims, & au contraire de dix années n'en manquant pas une de fe trouver dans les vins de Bourgogne; ne faut-il pas conclure que c'eft une témerité & une calomnie outrée à l'Auteur de cette Thefe de vouloir attribuer au vin de Reims, préferablement au vin de Bourgogne, le droit de la prééminence pour l'agrément, & pour la fanté? ces petits vins là du tems d'Hipocrate & Galien auroient été mis au rang de ceux qu'ils apelloient, *vina oligophora*, *vina æquofa*, des vins qui ne fentent rien du tout, & qui n'ont aucun gouft pour peu qu'on y mette d'eau, qu'ils acordoient à ceux qui n'étoient gueres malades, & aux convalefcens, remplis qu'ils font de phlegme, de tartre foible, groffier, & impur; au lieu que les vins de Bourgogne y auroient été non seulement préconisés, mais encore éle-vés audessus de tous les autres, n'y ayant pas un de leurs principes, ni partie essentielle & intégrande, tels que sont leurs esprits & leurs sels jusqu'à leurs vinaigres même, & à leurs tartres qui ne soit bon par excellence, au lieu que tous les principes des vins de Champagne étant foibles & de peu de durée, ces vins sont faciles à changer de cou-leur, & à devenir nébuleux par leur défaut naturel d'es-prits, de sels & de tartres pour une si grande quantité de phlegmes & de mucilages, comme parlent les Artistes, dont ils sont pleins ; au contraire les vins de Bourgogne bien loin de changer de couleur, comme nous le repro-che l'Auteur, & de l'avoir mauvaise naturellement, la conservent toûjours belle & vermeille dés le commence-ment jusqu'à la fin, sur tout étant pris dans le juste point de leur boire : Les vins de Bourgogne ayant encore cela de particulier, que bien loin que le charroi les trouble & les obscurcisse, au contraire il les rends meilleurs, n'é-tant pas reposés vingt-quatre heures, de tant loin qu'ils viennent, qu'ils sont potables, s'étant éclaircis d'eux-mêmes, étant devenus par la force de leurs esprits, fins & petillans dans le verre, & se tirant tels jusqu'à la der-niere lie, qui reste en tres-petite quantité dans le vaisseau & de laquelle on fait encore de bon esprit de vin.

Et pour la couleur, personne ne peut douter, pour peu qu'il entende la façon des vins, que nous sommes maîtres de la leur donner, telle qu'il nous plaît, & qu'elle s'entretient bonne pendant tout le tems qu'il les faut boi-re, suivant la nature du climat d'où ils viennent, ce qui fait que nous en avons de bons pour toutes les saisons de l'année, le plus ou le moins de levain que nous leur donnons faisant tout cela : pour lequel plus ou moins de levain on fait des vins de Beaune, de Pommarc & de Vo-lenet pour toutes les boites & saisons de l'année, quoi-qu'ils soient toûjours les plus propres du Royaume pour la primeur & qu'ils ayent les premiers la grace de la nouveauté;

ce font trois freres du même fang, auffi excellents &
d'auffi bonne maifon les uns que les autres, & il n'y a
de difference entr'eux que celle qui arrive le plus fouvent
dans les familles, que l'un des enfans à un peu plus d'ef-
prit que l'autre, quoi qu'ils foient tous trois également
beaux, d'un teint & d'un rouge du plus beau vermeil du
monde.

Aprés eux viennent les vins blancs fecs ou qui n'ont point
de liqueur, du Vilage de Meurefaut, fpiritueux, petillans,
fins & clairs comme eau de roche, ayant cela de particulier,
que mêlés avec tous les autres vins, non feulement ils
en corrigent les défauts, mais ils leur donnent encore
ce qui leur manquoit de la force & de la qualité.

Pour les boites qui fuivent, les vins de Savigny &
d'Aloxe entre les vins rofés délicats, l'emportent éminemment pardeffus tous les autres, ceux de Chaffagne, San-
tenay, Saint-Aubin, Morgeot & Blegny les fuivent de
fort prés ; & l'année étant révoluë, le vin de Nuitz n'a pas
fon pareil & ne peut être affez prifé.

Les vins des Vilages fitués fur ce beau rideau de col-
lines qui regne de Nuitz à Dijon font tres-eftimés, ceux
du Chalonnois & du Maconnois ont auffi acquis beaucoup
de réputation, & l'on ne finiroit jamais s'il falloit faire un
détail de tous les bons vins que produit la Province de
Bourgogne; ce font des fources admirables que l'on ne voit
jamais tarir.

Mais à quoi fervent les airs que fe donnent Meffieurs
les Marchands de Champagne pour nous venir infulter,
nous qui ne fongeons pas à eux ? A quoi bon tant de dif-
putes ? s'il veulent acquerir à bon titre à leurs vins la gloire
de la prééminence, nous confentons de prier avec eux
Monfieur Fagon premier Medecin du Roi, juge également
favant, intégre & defintereffé, de faire faire l'analyfe
& la décompofition des uns & des autres vins, aprés
quoi on confentira de bonne foi, que le vin en faveur
duquel il décidera, doit remporter l'honneur de la préférence & le prix de la victoire.

Pour répondre aux injures & aux invectives avec lesquelles l'Auteur de la Thele de Reims se déchaîne contre la couleur, l'odeur & la saveur du vin de Bourgogne, je n'ay qu'à le renvoyer au goût de la Cour & de la Ville, qui n'en veulent plus d'autre que de Bourgogne, je m'en raporte au goût des nations les plus reculées de l'Europe, qui pour la confusion & la désolation des Marchands de vin de Champagne passent tous les jours sur leur ventre sans leur dire mot, ou s'ils leur parlent, ce n'est que pour leur faire des reproches sanglans des méchans vins dont ils les avoient trompés ces années dernieres, & dont la plûpart avoient été ruinés ; & pour justifier la cause de ces reproches, il n'y a qu'à jetter les yeux sur les Registres du précédent Directeur Général des Fermes du Roi en Bourgogne, & l'on connoîtra que les Marchands de Reims avoient plus fait de vins de Bourgogne ces années là qu'aucuns autres Marchands des Païs étrangers ; pourquoi cela, Monsieur, sinon pour les mêler par moitié & plus, avec leurs vins malades & à demi morts, pour tâcher de leur donner une nouvelle vie, & pour se conserver par là un reste de réputation agonisante, qu'ils doivent toute à la bonté de nos vins ?

Messieurs de Reims ayant donc vû que les années dernieres leurs vins ne valoient pas mieux que ceux des précedentes, & n'ayant rien à donner de bon de leur crû aux Marchands étrangers, qui les connoissent trop bien par une fatale experience, pour les faire retourner à eux ils ont apellé à leur secours l'Auteur de la Thele de Reims, dans l'esperance qu'ils les persuaderoient par ses sophismes & par ses specieux raisonnemens, qu'il n'y a que les vins de Champagne qui soient bons, & que les vins de Bourgogne sont défectueux & ne valent rien, mais comme la comparaison qu'ils font de leurs vins avec les nôtres est vicieuse en son origine, & qu'il n'y a point de démonstration, pour bonne qu'elle soit, qui vaille celle de l'experience des sens, suivant l'axiome, *nulla est demonstratio sensuum fide praestantior:*

Par

Par malheur pour eux, ces Marchands étrangers, leurrés qu'ils font par la fauffeté de leurs raifonnemens & par l'infidelité de leurs promeffes, s'en tiennent à ce qu'ils ont bien reconnu fur les lieux de l'excellence & de la prééminence des vins de Bourgogne fur tous les autres vins du Royaume, qui leur en laiffe toûjours le bon goût, & qui ne leur permet pas de les quiter pour aller faire leurs provifions de vins en Champagne qu'ils trouveroient la plûpart falfifiés & adoucis par la litharge pour corriger le trop grand acide de leur verd crud ; quoiqu'il foit certain que les foufres arfenicaux, & les craffes du mercure impur, dont elle eft toute remplie, foient capables de les empoifonner, ainfi qu'il eft énoncé amplement dans le vû de l'Arreft foudroyant rendu ces années dernieres au Parlement de Mets au Raport de Monfieur le Confeiller Blancheton.

Il feroit à foûhaiter pour Meffieurs de Reims qu'ils nous puffent faire voir que leurs vins menus & peu vineux qu'ils font, fouffrent la tourmente de la Mer comme firent nos vins de Volenet quand Monfieur le Cardinal de Bonfi en fit venir à Varfovie pour régaler le grand Maréchal Sobieski & toute fa Cour le jour qu'il fut couronné Roi de Pologne ; Comme auffi lorfqu'un de nos Marchands de Beaune en envoya à Venife au Provéditeur general Morozini, lorfqu'à fon retour de la conquête de la Morée il traita le Sénat & les Nobles de cette République : Ces vins reçûrent également au Midi & au Nord l'honneur du triomphe pardeffus tous les autres vins de l'Europe, *Vinum Belnenfe fuper omnia vina recenfe.* * Et il n'y a pas de plus forte preuve de l'excellence des vins de Bourgogne & de leur réputation dans les Païs les plus éloignés, que l'ufage qu'en font les Cours les plus délicates ; comme font celles d'Angleterre, de Dannemarc, des Princes d'Allemagne & d'Italie ; le Majordome ou premier Maître d'Hôtel de fa Sainteté raporte tous les ans fur fes comptes de dépenfe un article de vin de Bourgogne

Vers cité comme un vieux proverbe il y a 100. ans par le sr. de Chaffeneuz in catal. glor. mund.

C

pour la bouche du Pape, & l'on prend déja des mesures pour que le Roi d'Espagne n'en boive point d'autre.

Pour répondre au grand éloge de la prérogative des vins de Champagne, d'être des meilleurs pour faire la débauche, je me contenterai de dire que c'est là même chose que si on disoit, ce vin est bon parce qu'il ne vaut rien ; ce vin est bon, parce qu'à cause de la disette de ses esprits, on en peut boire beaucoup sans craindre de s'enyvrer ; quoiqu'il soit encore certain qu'à cause de leur verd crud, les vins de Champagne, comme tous ceux de cette qualité, au sentiment d'Hippocrate & de Galien, & ensuite de toute l'antiquité ne peuvent produire par l'excés qu'on en fait que des obstructions & des fermentations dans les entrailles, causes ordinaires de toutes les plus grandes maladies, comme sont les inflammations des parties nobles, les apoplexies, paralysies, goutes & rhumatismes ; au lieu que les vins de Bourgogne, par leurs tartres subtils & pénétrans, joints à leurs sels volatifs convertis en liqueurs, passant promptement par les vaisseaux limphatiques de la rate & des reins n'y laissent aucuns embarras, obstructions ni fermens, ce qui est le plus à craindre dans l'excés de cette liqueur ; & pour abatre les fumées, que pris en trop grande quantité ils pourroient faire monter à le tête, le remede est bien aisé à trouver, il n'y a qu'à y mettre tant d'eau qu'on les puisse porter sans incommodité, leur séve & leur bonne odeur ne laissant pas pour cela de se faire sentir tresagréables, sans qu'ils en soient trop affoiblis.

Quand à l'exemple de la longue vie que l'Auteur raporte de Pierre Pieton d'Haut-Villiers, on lui répond que c'est plus dire à nous, que dans une petite Ville, telle qu'est Beaune, il se trouvera plus de douze personnes âgées de 80 & de 90 ans, & plus de trente âgées de 70. que de faire trophée d'un seul homme âgé de 118. ans dans toute une Province : Monsieur le Baron de Villebertin nôtre voisin, qui n'avoit jamais bû que du vin de Bourgogne ayant vécu prés de 120. ans.

Outre d'ailleurs que ce n'est pas le vin feul fur, tout foible, plein d'eau & de phlegme, tel qu'est celui de Champagne qui peut être la cause de la longue vie, mais plûtôt la bonne temperature de l'air que respire un homme d'on bon tempérament ; le régime de vivre réglé d'un homme sobre & moderé dans le boire & dans le manger des bonnes choses, sans artifice & sans façon, par raport au plus & au moins de ce qu'il a de chaleur naturelle, & aux exercices qu'il fait ; comme aussi l'égalité & la tranquilité de son esprit, qu'aucuns sujets de colere, de chagrins mélancoliques, & d'autres violentes passions de l'ame ne peuvent ébranler ; joint à cela qu'il est beaucoup de Païs au monde où l'on ne sçait ce que c'est que de boire du vin, & où l'on ne laisse pas de trouver des hommes qui ont vécu encore plus long-tems que n'ont fait Pierre Pieton & Monsieur de Villebertin.

Enfin, pour répondre à la consequence que tire l'Auteur de la Thefe de Reims, que rien ne décide plus en faveur des vins de Champagne fur les nôtres que la bonne constitution de ceux de son Païs, parmi lesquels on ne voit ni gouteux, ni valétudinaires, il ne trouvera pas mauvais que je lui fasse voir le contraire, & par consequent sa condamnation par le jugement qui a été porté dans la Thefe soûtenuë aux Ecoles de Médecine de Paris le 3. May 1696. par le Sieur Mathieu Denys Fournier Parisien, & à laquelle présidoit Me Pierre Lombard : les propres termes de cette Thefe qui se lisent au troisiéme Corollaire lui feront voir aussi que le vin de Reims ne sçauroit entrer en parallele avec celui de Bourgogne.

Qui ex eo generatur sanguis (c'est du vin de Reims dont parle cette Thefe) *partes exquisitiori sensu præditas pungit vellicatque ; hinc eo qui utuntur pro ordinario potu, gravedini, catarrho, arthritidi ut plurimum obnoxii : at vinum Burgundianum, Belnense potissimum, etsi primis mensibus nonnihil asperum, brevi tamen mitescens, propter partes quibus constat ramosas, alimentis in ventriculo strictius adhæret, simulque cum ipsis di-*

C ij

ſtributum in laudabilem, citra affectûs ullius noxii periculum, cedit ſanguinem : non his rationibus, aut etiam potioribus, Illuſtriſſimus Archiatrorum Comes Guindo Creſcentius Fagon, ſanitati Regum maximi invigilans, vinum Burgundianum Remenſi prætulit.

Le ſang qui eſt engendré du vin de Reims pince & picote les parties qui ſont du ſentiment le plus exquis, d'où vient que ceux qui en font leur ordinaire ſont le plus ſouvent ſujets aux débordemens, & fluxions d'humeurs de cerveau par les narines, & à la goute ; mais le vin de Bourgogne, particulierement le vin de Beaune, quoiqu'il ſoit un peu âpre les premiers mois, il s'adoucit néanmoins peu de tems aprés, & à cauſe des parties rameuſes qui le compoſent il s'atache plus étroitement aux alimens dans l'eſtomach, & étant diſtribué avec eux dans toutes les parties du corps il ſe convertit en ſang loüable & bien conditionné, ſans faire encourir le danger d'aucune maladie : Ne ſeroit-ce point pour ces raiſons là & peut-être encore pour de meilleures que l'illuſtre Monſieur Fagon, prépoſé pour veiller à la ſanté du plus grand de tous les Rois, à donné la préférence au vin de Bourgogne ſur celui de Reims ?

Ne vous ſemble-t il pas, MONSIEUR, que l'autorité de la Faculté de Medecine de Paris, pleines de Juges également doctes & déſintereſſés, vaut bien celle de Meſſieurs les Medecins de Reims, Juges en leur propre cauſe, & que leur interêt a ſi fort aveuglés ? Et aprés une déciſion auſſi autentique ne conclurez vous pas bien juſtement avec tout ce qu'il y a de gens habiles & de bon goût, comme vous, que c'eſt témérairement, & calomnieuſement que l'Auteur de la Theſe ſoûtenuë aux Ecoles de Medecine de Reims a conclu, que le vin de Reims eſt plus agréable & plus ſain que le vin de Bourgogne ? puiſqu'il paroît plus clair que le jour par toutes les raiſons qu'on vient de raporter, qu'au contraire le vin de Bourgone eſt plus agréable & plus ſain que le vin de Reims.

Invidus alterius macrescit rebus opimis,
   Laudat venales quas vult extrudere merces.

Que faire à cela ? c'est un envieux qui maigrit à la vûë de l'abondance & de la prosperité de nôtre Païs ; laissons-lui au moins la consolation de vanter tant qu'il voudra une marchandise qu'il ne sçauroit débiter , pourvû qu'il ne soit plus assez hardi une autre fois pour vouloir établir sa réputation sur les ruïnes de celle d'autrui.

Si le bruit qui court , MONSIEUR, est veritable, que vous voulez faire la réfutation de cette Thèse, du génie supérieur dont vous êtes , quel profit n'en va pas faire la république des Lettres ? Quel avantage ne va-t-elle pas tirer d'un ouvrage qui ne peut-être que de la derniere main ? Permettez-moi , je vous prie , de vous en demander par avance un exemplaire : Je ne sçaurois vous témoigner assez la parfaite estime que j'ai pour vos sçavantes productions , & le profond respect avec lequel je suis,

MONSIEUR,

Vôtre tres-humble & tres-obéïssant serviteur,
DE SALINS l'aîné.

A Beaune le 21
Novembre 1700.

LETTRE DE MONSIEUR LE BELIN

Conseiller du Roi au Parlement de Bourgogne, Seigneur du Pasquier, à Monsieur de Salins de Beaune auteur de l'Ouvrage.

MONSIEUR,

Personne, aprés vous n'oseroit entreprendre la réfutation de la These de Medecine de Reims qui blâme les vins de Bourgogne, vous avez d'abord aporté une décision par des gens désinteressés dans la These de Medecine de Paris ; vous avez ensuite fait voir que les vins de Champagne devoient uniquement leur réputation passagere au crédit d'un Ministre puissant, interessé à faire vendre son vin : Vous examinez en sçavant Philosophe les qualités nécessaires au vin sain & délicieux par les parties dont il est composé ; vous ajoûtez des autorités anciennes & nouvelles à vos raisonnemens, sans oublier un point essentiel qui est, que le vin de Champagne ne soûtient aujourd'hui un reste de réputation usée que par le mélange infidele qu'en font les Marchands du Païs avec les vins de Bourgogne qu'ils achetent ; & vous avez fait cet ouvrage en aussi peu de tems qu'il en faudroit à un autre pour le transcrire : En verité, Monsieur, pour un grand buveur d'eau, vous sçavez trop bien loüer le bon vin ; ce que nous devons soûhaiter, c'est que ceux qui liront la These de Reims, lisent en même tems vôtre Critique ; & aprés tout, tant qu'il n'y aura que les vins de Champagne contre nous, & que Volenet avec ses adhérans soûtiendront leur honneur dans les meilleurs Cabarets &

dans toutes les Cours de l'Europe, la Bourgogne fera riche, & nous ferons tous contens ; j'ai trop de fujet de l'être des loüanges que vous me donnés, dont je me fens indigne, je les atribuë à vôtre politeffe, & aux bontés que vous avez pour un homme qui eft avec autant d'eftime & de confideration que moi,

MONSIEUR,

Vôtre tres-humble & tres
obéïffant ferviteur,
LE BELIN.

Au Pafquier le 23.
Novembre 1700.